FLEUR CRÉATIF
Autumn
秋花秋果

创意花艺

[比利时]《创意花艺》编辑部 编

杨继梅 译

中国林业出版社
China Forestry Publishing House

创意花艺
——秋花秋果

图书在版编目（CIP）数据

创意花艺. 秋花秋果 / 比利时《创意花艺》编辑部编；杨继梅译. —北京：中国林业出版社，2019.12

ISBN 978-7-5219-0425-3

Ⅰ.①创… Ⅱ.①比… ②杨… Ⅲ.①花卉装饰—装饰美术 Ⅳ.①J535.12

中国版本图书馆CIP数据核字（2020）第001676号

著作权合同登记号　图字：01-2019-6677

责任编辑：印 芳 王 全

出版发行：中国林业出版社（100009 北京市西城区德内大街刘海胡同7号）
印　　刷：北京雅昌艺术印刷有限公司
版　　次：2020年1月第1版
印　　次：2020年1月第1次印刷
开　　本：210mm×278mm
印　　张：5.5
印　　数：4000册
字　　数：130千字
定　　价：58.00元

花艺目客公众号

自然书馆微店

《创意花艺——秋花秋果》设计师团队

阿丁达·萨普
（Adinda Sap）
adinda.sap@gmail.com

科琳·德尔巴特
（Corinne Delbart）
corinne.delbart@skynet.be

盖特·帕蒂
（Geert Pattyn）
geert_pattyn@telenet.be

艾尔·格登斯
（Els Geerdens）
els.geerdens@telenet.be

法布里·斯泰斯
（Fabrice Theys）
vaseivoire@hotmail.com

葛雷欧·洛许
（Gregor Lersch）
info@gregorlersch.de

马丁·默森
（Martine Meeuwssen）
martine.meeuwssen@skynet.be

米克·霍夫克
（Mieke Hoflack）
Familie.de.wilde@telenet.be

莫尼克·范登·贝尔赫
（Moniek Vanden Berghe）
cleome@telenet.be

奥利维尔·佩特里恩
（Olivier Petillion）
info@olivierpetillion.be

苏伦·范·莱尔
（Sören Van Laer）
sorenvanlaer@hotmail.com

维基·万甘佩莱尔
（Viky Vangampelaere）
trifolium@telenet.be

小林祐治
（Yuji Kobajashi）
geo-office@geometric-green.com

总策划 *Event planner*
比利时《创意花艺》编辑部
中国林业出版社

总编辑 *Editor-in-Chief*
An Theunynck

文字编辑/植物资料编辑 *Text Editor*
Kurt Sybens / Koen Es

美工设计 *Graphic Design*
peter@psg.be-Peter De Jegher

中文排版 *Chinese Version Typesetting*
北京八度出版服务机构

摄影 *Photography*
Kurt Dekeyzer, Peter De Jaegher
比利时哈瑟尔特美工摄影室

行业订阅代理机构 *Industry Subscription Agent*
昆明通美花卉有限公司、alyssa@donewellflor.cn
0871-7498928

联系我们 *Contact Us*
huayimuke@163.com
010-83143632

灵感源泉

享誉国际的比利时国际花艺展（FLEURAMOUR）是秋季花卉行业中不容忽视的重大事件。此次花展不仅带来了比利时《创意花艺》团队（*Fleur Créatif* 和 *Fleur@Home*）的知名花艺师作品，还将为观众展示来自美国、俄罗斯、立陶宛、荷兰、法国和意大利等国家众多花艺师的创意作品和精彩表演。"回到未来"（Back to the future）的主题给了花艺师们更多的发挥空间，让他们天马行空、敢于想象新的花卉世界……非常期待此次展会中花艺师们的精彩表现。

就本书主题而言，我们大量使用了浆果、坚果和秋天的树叶等典型的秋季元素。秋天是"告别"的季节，大自然慢慢褪去了它的色彩和叶子，人们希望通过美丽的秋季花束来纪念逝去的亲人，还有什么会比鲜花更能够表达出你的情感呢？创意十足的花艺师使用了新型黑色花泥来创作表达哀悼的作品。

色彩决定了我们的生活，我们将向您介绍本季特殊的色彩流行趋势："壳儿"（SHELL）。在这里，大自然是色彩的灵感来源。所有绿色调的设计都有助于呈现这个主题。

葛雷欧·洛许（Gregor Lersch）是花艺行业重要的人物之一，他为花艺行业提供了许多创作灵感，他将告诉你更多关于"少即是多"的艺术哲学，柔和、敏感和克制是应对当下材料过于丰富的平衡之法。

日式花艺是纯粹的艺术。几何绿（Geometric Green）的总监小林祐治（Yuji Kobayashi）让你在欣赏作品的同时，也能够发现到他的灵感源泉。

希望你们能从秋天这个季节中获得更多的创作灵感，也期待你们光临比利时国际花艺展！

安东尼克
An Theunynck

目录
Contents

| 秋季 Autumn |

新闻	6
有花的365天	8
FLOOS专栏：伊萨·特卡奇克（Iza Tkaczyk）	9
2019比利时国际花艺展最闪亮的宝石——花梦星球	10
Fleuramour花艺展的创意作品	16

一颗秋天的心	26
花艺潮流趋势：聚焦绿色	34
鲜花抚慰人心	42
蓝色亮点	52

葛雷欧·洛许（Gregor Lersch）：少即是多 柔和、敏感与克制	60
小林祐治（Yuji Kobayashi）：自然给予我灵感	70
EMC秋季创意	84

朱顶红盛开的贝洛伊城堡

摄影／皮特·范·坎彭（Piet van Kampen）

日前，著名的贝洛伊城堡（Castle of Beloeil）成功举办了第31届朱顶红花卉节。在比利时公主克莱尔殿下的扶持下，多年来该展会已经变成了行业内一个正式的比赛场合，职业花艺师和花艺学校均可参加。今年，马克·诺埃尔（Marc Noel）和索菲亚·塔瓦雷斯（Sofia Tavares）以华丽的大楼梯装饰赢得了一等奖；阿尔诺·德尔海勒（Arnauld Delheille）（荣誉中庭）和内斯·克洛罗弗尔（Ness Klorofyl）（节日餐桌装饰）与他们的团队一起获得了二等奖。

阿尔诺·德尔海勒（Arnauld Delheille）

马克·诺埃尔&索菲亚·塔瓦雷斯
（Marc Noël & Sofia Tavares）

内斯·克洛罗弗尔（Ness Klorofyl）

花艺大师丹尼尔·奥斯特（DANIËL OST）："是时候分享我的花艺知识和技巧了"

摄影／丹尼尔·奥斯特（Daniël Ost）

在接近65岁生日时，丹尼尔觉得时机成熟、是时候与热切的花艺师们分享他毕生积累的花艺知识了。他于今年9月开办了丹尼尔·奥斯特国际花艺学院。

你想和热情的花艺师们分享些什么呢？

我特别想和大家分享我的花艺哲学：那就是将注意力集中在花艺的本质上，利用植物的叶子、花、树枝、茎、根来创作……

你有什么具体的主题？

对我来说，季节是非常重要的。大自然本身充满了各种变化，它是非常鼓舞人心的灵感来源。此外，像圣诞节、复活节、情人节、母亲节等节日，及婚礼等其他重要的生活事件一样，都是重要的花艺主题……

你想接触什么样的学生？

我更愿意与热爱大自然的工匠们一起分享我的激情、知识和技能。

你们将在哪里上课？

校园坐落在比利时埃克萨尔德的一个美丽的庄园里，园内有大量的植物和鲜花，为学生提供了一个非常鼓舞人心和有教育意义的环境。

A Flowery Neighbourhood
热爱鲜花的邻居

鲜花可以拉近人与人之间的距离。它们美丽优雅，不仅能为居住环境带来色彩和香味，而且还能为人们提供绝佳的交流渠道。

鲜花使邻里关系更加融洽和有趣。平时遇见你的好邻居，或者邻居在你度假时帮忙照看猫的时候，你都可以带着花对邻居表达谢意，他们值得你买花表示感谢，不是吗？

在向新邻居自我介绍的时候，带着一束漂亮的花去也会使事情变得更容易，因为多了一个积极且精彩的话题可以聊。

鲜花使邻居关系和邻居聚会变得更融洽！

1．送给邻居的花束里应当有色彩明亮的花朵，这样能为所有人带来快乐。色泽鲜艳、盛夏开花的花材是不错的选择，如大丽花、紫罗兰和六出花，以及颜色明快的鸡冠花、明亮的向日葵、情人草、洋桔梗等等！

2．如果不确定邻居的品味和房子内部装修风格，且不想冒险的话，就准备一束漂亮的白绿色系花束吧！白色的大丽花、金鱼草、石蒜、雪果和紫菀组成的花束总是很受欢迎。

3．情人草与玫瑰果的组合相对持久。若送出去的花束观赏期能持续更长时间，收到礼物的人肯定更开心，只要选对材料，这是完全可以实现的。

4．聚会往往需要一些色彩鲜艳的花艺来装饰桌子。可以选用向日葵、大丽花、金鱼草、美国薄荷等花材来制作，与雪果、金丝桃果或独特的紫珠浆果结合使用。

FLOOS 专栏

Iza Tkaczyk

伊萨·特卡奇克

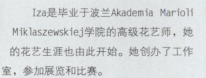

Iza是毕业于波兰Akademia Marioli Miklaszewskiej学院的高级花艺师,她的花艺生涯也由此开始。她创办了工作室,参加展览和比赛。

我曾就读于格但斯克美术学院(The Academy of Fine Arts in Gdańsk),这段学习经历无疑影响了我的创作风格,我喜欢挑战色彩和架构,喜欢使用对比手法,但最有趣的是在构图中寻找平衡。

我的人生哲学是:分享我所爱的一切。

FLOOS.ORG网站

Iza是FLOOS的合作者之一,FLOOS是一个互动的、数字化和国际化的花艺学习、交流网络平台,在这里,你可以查询到许多国际花艺大师的信息资料。

拼贴花艺

蓝刺头、2种铁线莲、松果菊、马尾藻、万代兰、野菊花(去芽)、菊花(橙色)、蓍草(橙色)、菊花(粉红色)

Echinops ritro
Clematis 'Star River Milka'
Echinacea sp.
Rhipsalis sp.
Clematis 'Blue Pirouette'
Vanda 'Sumathi® Copper Red'
Chrysanthemum (Indicum Grp disbud) 'Rossano' (Orange)
Achillea 'Jo Ann' (Orange)
Chrysanthemum indicum 'Etrusko' (Pink)

直径为1.8mm的黑色短铁丝、干果、彩色喷雾、报纸、纸包铁丝、胶带、干草、木棍、稻草花环、装饰树叶、绒线

用毛线遮盖住稻草架构,在花环形状的架构四周插入几根直径为1.8mm的铁丝,并将铁丝末端弯成钩形以便将其固定。用纸包铁丝将它们连接起来,每个纸包铁丝在粗铁丝上面都要缠绕一圈,以便使其牢牢固定。接下来,将铁丝弯折成你想要的形状,并将毛线和其他材料编织进去。用与花环相同颜色的毛线覆盖花环的内部。根据想要创作的色彩风格,继续将不同的材料编织到花环中。最后,用热熔胶粘上所有干燥的材料,再用鲜切花材利用花环架构制作出一个手打花束。

2019比利时国际花艺展最闪亮的宝石
——花梦星球

乘坐我们的时光机，踏上通往铺满鲜花的梦幻世界之旅

Flower Planet Becomes the Jewel of Fleuramour

Join us in the time machine travelling towards a floral dream world

你知道我们太阳系中的第9颗行星吗？别怀疑，它就在花艺界"奥斯卡"，2019比利时国际花艺展（Fleuramour）！来奥尔登·比尔森古堡（Alden Biesen），置身花梦星球。比利时国际花艺展上，顶尖花艺大师齐聚，超过14万朵鲜花，创造成百上千种迷人的花艺作品；精美的花艺展览、比赛和花艺秀。

第9颗行星

"女人来自金星，男人来自火星，无论男女，我们一直生活在地球"。但是，如果我们大胆一些，相信意大利花艺师安吉丽卡·拉卡博纳拉（Angelica Lacarbonara），那么我们将在距地球仅数年之遥的地方找到一颗"第9颗行星"。那里没有饥饿和战争，鲜花和植物蓬勃生长，百鸟朝凤、万物和谐共生。这就是安吉丽卡想为你营造的一颗爱与美的花梦星球。

古堡中庭的花梦杰作

2019比利时国际花艺展的中庭花艺装置设计在奥尔登·比尔森古堡的"荣誉中庭"（the Court of Honour）华丽呈现：这里是世界顶级花艺师大展才华的神圣殿堂，托马斯·布鲁因（Tomas De Bruyne，比利时），世界杯亚军得主纳塔莉亚·齐兹科（Natalia Zhizhko，俄罗斯）和"天生的艺术家"汤姆·德·豪威尔（Tom De Houwer，比利时）……这些大师都曾在此造出梦幻的花之中庭，向世人展示花朵的动人魔法。

"跳跳鹅"时刻

"跳跳鹅"时刻和烟火表演已是比利时国际花艺展的经典环节。今年安吉丽卡·拉卡博纳拉迎来她个人的全新挑战："在花艺设计圈崭露头脚时，比利时国际花艺展对我而言是所有经历中最重要的历练，此后，每年参与这场花展成为我不断挑战自我的机会。今年由我布置中庭，可以说是全新的安吉丽卡vs曾经的安吉丽卡。我不为了向别人证明自己。我只想挑战自己！"

太空元素是全新亮点

安吉丽卡·拉卡博纳拉告诉我们："近几年，我们花展的设计一直注重花的外形、设计整体的几何造型，花朵一直以几何形状紧凑地呈现。我想，在现在和将来，鲜花将会饱满地盛开——它们将变成你穿越时空的时光机！"她也是意大利南部一家花艺学校的首席讲师。"我在学校里教导我们未来的花艺师们，空间的设计要分为正向空间和负向空间。正向空间由鲜花装点，负向空间保持空白。"

其他头条新闻

在古堡的教堂里，弗兰克·蒂默曼（Frank Timmerman）和彼得·博伊肯斯（Peter Boeijkens）在光影里变幻花朵的魔术，阳光透过彩色玻璃窗，让他们设计的花墙更加美丽迷人。今年的另一个引人注目的设计是俄罗斯花艺师奥尔加·沙罗娃（Olga Sharova）用鲜花打造的太阳系，以及立陶宛花艺师克里斯蒂娜·里米涅（Kristina Rimienė）则为您创作了一扇穿越到未来的时空之门。

比利时花艺师思琳·莫罗（Céline Moreau）的作品展现的是濒临灭绝的珊瑚礁和水母，她描绘了一幅神奇而又令人惊讶的水下景观，来表现她对地球未来生态环境的忧虑。她的同胞，比利时花艺师琳达·胡格奈（Linda Huguenay）则回收利用是连接现在与未来的桥梁。

本次花展总共将展出超过100件花艺作品。

2019比利时国际花艺展

2019花展主题：回到未来

Fleuramour花艺展的主题是"回到未来"

戴上太空镜，穿上太空靴。今年的Fleuramour花艺展将要执行一项非常特殊的任务：你将要开启一趟穿越时空的旅行！

为了完成这个前所未有的实验，主办方邀请了来自地球的100位最具创意的天才花艺师，共同致力于拯救我们的植物花材。这些鲜花的使者们将带领你来到Fleuramour星球，那里永远保留着宇宙中最美丽的花朵。

有趣的新奇事物

使用虚拟现实眼镜（VR）来体验Fleuramour

今年的花展充满了令人惊讶的新奇事物，你可以从中获得很多新奇体验。

- 你真的可以在Fleuramour花艺展中进入一个虚拟的现实世界！戴上你的VR眼镜，你将会发现自己置身于一个特殊的空间中，这是一个充满了花朵的神奇世界；可以说，你瞬间就进入了这个虚拟现实的游戏中！
- 星星会为你写下了什么样的未来呢？在花艺作品选集中去发现它吧！鲜花灵媒伊莎贝尔·布洛姆（Isabelle Blomme）将会使用三朵花，来占卜你的过去、现在和未来。这可是一个"回到未来"的占星术！
- 在未来，我们必须得寻找更可持续的能源。那么，种植一些具有太阳能量的花朵怎么样呢？在Fleuramour花艺展的入口处将会有一片流动着的向日葵花田。那可是一个不可错过的、用视频记录下来的精彩瞬间！
- 将古时候的自然珍稀植物进行现代形式的转化：也呼应了"回到未来"的主题。郁金香自16世纪被引入欧洲之后，就开启了它的黄金时代。终极一步，就是让它变得可以食用和饮用。郁金香的爱好者可以在这里品尝一杯郁金香酒或一杯郁金香茶。你可以一边用味蕾来品尝郁金香，一边看着它在你眼前美丽地绽放。

别忘记了

星期五是"帽子节"

Fleuramour主办方于9月27日星期五举办传统的"帽子节"庆典。你可以运用鲜花和植物来为自己设计最漂亮的头饰,并在帽子节的游行中佩戴展示。届时,评审团将会对所有参赛者的帽子进行评判。谁知道,没准儿你会赢得一等奖呢!同时,每个参与者都能得到一杯卡瓦酒(Cava),并且无需预先注册。作为日间访客,你可以于9月27日星期五在庭院帐篷内进行登记。同时,请留意活动举办的具体时间。

霍莉·海德·查普尔(Holly Heider Chapple)的花艺秀

去年,美国花艺师霍莉·海德·查普尔所呈现的高品质花艺时装秀依然铭刻在参会者的记忆中。她将再次为你带来一场更加引人入胜的花艺秀。

花艺工作坊

FLOOS团队的国际花艺师们,包括西班牙的花艺冠军卡尔斯·方塔尼拉斯(Carles Fontanillas),将会在Fleuramour花艺展期间的花艺工作坊中授课,帮你提高你的专业花艺技能。

快闪集市

在花展期间,你还可以安静悠闲地逛一逛这里的"快闪集市",那里将会有各种各样琳琅满目的花艺商品供你挑选。

Fleuramour花艺展的创意作品

Fleuramour花艺展每年都会涌现出大量很棒的花艺设计作品。在城堡的荣誉中庭中有一个美丽壮观的花艺展览，整个教堂都会让你感觉到好像置身于童话之中。同时，城堡内所有的房间都将为您提供各种不同的花艺氛围。

但Fleuramour花艺展远不止于此……这个国际盛会为学生和专业的花艺师们提供展示他们自己最好一面的机会。各种创意竞赛将鼓励学生们去超越自己的极限。一场新娘花束竞赛将会向我们展示新娘花艺的最新趋势。在餐桌花艺装饰的比赛中，花艺设计师们则会创造出如梦幻般的餐桌花作品。

主办方还想要鼓励花艺设计师们抓住每一次参加比赛的机会。例如，邀请我们去创造未来的新娘花束，或者邀请我们去为梦想着重返青春的80岁老奶奶布置出一张美丽的双人餐桌。

作为一名专业花艺设计师，参加比赛不仅仅会给你赢得一个有趣奖项的机会；而且最重要的是，还会将你的名字与你的创造力联系起来，并帮助你在国际花艺领域中赢得一席之地。

那么，先让你自己从之前这些Fleuramour花艺展的秋季餐桌花作品中汲取灵感吧。

来自于民间故事的灵感
巴尔干人的舞蹈

小时候，我和父母一起跳民间舞蹈，我对于巴尔干音乐、罗马尼亚和匈牙利舞蹈有着极大的热情……

正是对于过去的怀旧之情，促使我想要和我母亲一起用花的语言来表达这个主题。我妈妈的舞鞋、她的衬衫、我的小舞鞋…等等，所有这一切对我来说，都能够很恰当地传递出那种儿时的感觉……

在巴尔干半岛国家，人们会奉献面包作为贡品，并将其作为生活幸福和婚姻美满的象征。我也把这个元素融入到了餐桌花的创作之中，采用了面包来作为整个花艺作品的基础部分。

阿丁达·萨普（Adinda Sap）

清新感的装饰

对于我的野餐桌,我想创造出一个清新感的装饰格调。在这里,我使用了一条体现春季色彩的、编织形式的桌旗,用它来暗喻一个野餐垫。装饰性的餐桌花本身就象征着青草地,而粉红色的石蒜(Nerine)则重复了桌旗上面的粉色,构成了一组呼应。

我用银扇草装饰了杯子、盘子和碗,而且将花材的种子、绒毛和叶片全部都利用了起来!整体设计看起来轻盈、通透,而且充满了自然气息,就像是在森林中某个美丽的地方举办了一次愉快的野餐。

米克·霍夫克(Mieke Hoflack)

仙人掌的时尚趋势

对于这张餐桌的装饰创意，我的灵感来自于当下的一种流行趋势：对仙人掌科植物的热爱。所以我将仙人掌元素融入到了我的创作之中。我不仅在餐桌上运用了仙人掌作为设计亮点，而且在座位区也使用了仙人掌作为装饰物。所以，这必然会是一顿非常刺激的晚餐。

法布里·斯泰斯（Fabrice Theys）

For this table decoration, I was inspired by a current fashion trend: the love for cacti.

只因对仙人掌爱得狂热。

城市中的正方形蔬菜园

由于花展的主题是"城市的根",所以我选择了回收的板条箱作为原材料,并把它们改造成一个正方形的蔬菜园(一个典型的城市蔬菜园)。每个板条箱都被划分为四个区域,并在内部填充了花泥。不过,我在这里展示的不是蔬菜,而是会让人们联想起蔬菜的绿色花朵:"绿色魔术"康乃馨、绣球花、虎眼万年青等等。我请一位年轻的平面艺术专业学生在这些板条箱上面绘画了一些能够让人想起街头艺术的涂鸦。那些灰色的小方块,是我用彩色粘土制做的迷你铺路石(会使人联想起城市)。同时,我在这些迷你铺路石之间还填塞了一些苔藓,因为即使是在城市里,大自然也有权宣告自己的存在!

科琳·德尔巴特(Corinne Delbart)

热情的
弗拉门戈（FLAMENCO）

　　这个设计，我是受到了西班牙文化的灵感启发，尤其是他们传统的弗拉门戈服装。最终，这个餐桌被装扮上了红与黑的色彩，并且还套上了一个优雅的带褶边的裙子。我在红玫瑰花朵的颈口还添加了用朱蕉叶（Cordyline）折叠出来的荷叶边样式的"黑色衣领"。

维基·万甘佩莱尔（Viky Vangampelaere）

Natural materials such as moss, branches and grasses symbolise this culture.
诸如苔藓、树枝和草叶等自然材料，代表了这种文化的精神内涵。

北欧风情的餐桌

我选择使用北欧斯堪的纳维亚风格（Scandinavian atmosphere）来装饰这个餐桌。这些北欧国家的典型特征，就是注重细节和稳健性，注重坚固耐用和自然效果。浅色调突出了寒冷的冬天。诸如苔藓、树枝和草叶等自然材料，代表了这种文化的精神内涵。

马丁·默森（Martine Meeuwssen）

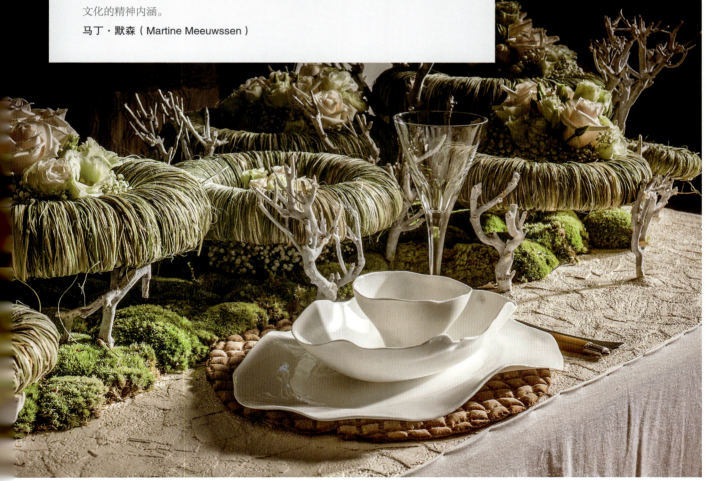

欢快的向日葵

对于这个以"城市的根"为主题的野餐桌，我想要通过对它进行独特的装饰，展现出城市与自然之间的鲜明对比！

这个作品是用干燥材料制成的：干燥向日葵的茎、根，以及干燥的果实……渐渐地，直到加入了几枝新鲜欢快的向日葵之后，它才变成了一个绚丽多彩的创意组合。我想要通过这个作品表达的内涵是：人们需要走出城市，去感受大自然所提供的一切。

维基·万甘佩莱尔（Viky Vangampelaere）

> Gradually the piece comes to bloom into a colourful creation with cheerful sunflowers!
>
> 渐渐地，直到加入了几枝新鲜欢快的向日葵之后，它才变成了一个绚丽多彩的创意组合！

城镇中
浴满阳光的空间

随着城市化进程越来越快，大部分城市景观也渐渐变成了：石头、水泥铺地、汽车、灰色、单调。

城市中普遍存在着一种沉闷压抑的感觉，而且也见不到大量的绿地、色彩或活力。通过这个作品，我想要将设计重点放在"灰色和压抑"与"绿色和活力"这两者之间的对比上。

艾尔·格登斯（Els Geerdens）

Getting to Work on Four Flower Themes
4个秋日主题花艺设计

今年秋季的流行趋势主题是"壳儿（Shell）"。它的意思是指，在当今这个时代，我们可以与世界各地的人进行交流，但因此也越来越重视家人和朋友，重视一切亲密的事物。亲密感就像"壳儿"一样，安全、温暖地包围着我们。符合这种流行趋势的色彩搭配方案，侧重于使用柔和的自然色调，其中绿色起着非常重要的作用。当然，绿色也是花艺设计的基本色彩，这就正是为什么我们发现运用不同色调的绿色来创作花艺作品是一项非常重要的必备技能。

秋天的棕色，在干燥的树叶和干燥的树枝上面体现得很明显；而秋天的灰色，则在观赏性水果和多肉植物上体现得很明显。当将这些材料与绣球花、蓟、紫罗兰等花材搭配在一起时，它们所具有的秋季色彩就会真正地显现出来。

温暖的色彩，各种各样的浆果、坚果、水果，以及特有的秋季花朵，让秋天成为了一个令人愉快的季节。正因为如此，我们才深爱着秋天。同时，也正是带着这份爱意，我们喜欢去收集大自然的果实。

万圣节是纪念家人和朋友的美好时刻。即使他们不再和我们在一起了，我们也愿意去深深地怀念他们。花艺作品是用来表达我们情感的一种最美好的方式。新出品的黑色花泥也为我们提供了很多新的创意机会。

25 — 4个秋日主题花艺设计

26 **一颗秋天的心**
A Heart for Autumn

34 **花艺潮流趋势：聚焦绿色**
Trend: Focus on Green

42 **鲜花抚慰人心**
Flowers Are Comforting

52 **蓝色亮点**
A Blue Accent

FLEURCREATIF

A Heart for Autumn
一颗秋天的心
——

　　秋天是一个盛产浆果、坚果和水果的季节，当然还有特色的秋季花朵。有谁会不喜欢秋天呢？我们《创意花艺》团队的花艺师们，运用新出品的有机形状的花泥创作了一个心形花艺作品，展现了温暖的秋季色彩。

Fruits Cradle Roses
水果摇篮中的玫瑰

玫瑰果、花园玫瑰、橡子、苹果、海棠果和野生苹果

Rosa, rose hips
Rosa, garden roses
Quercus, acorns
Malus, crab apple and wild apple

心形花泥、托盘

1. 先将一块心形花泥放在一个大托盘中。然后，在花泥上面插上很多橡子和海棠果，并把它们排列成心形。
2. 接着，再将玫瑰细致地插在这些果实之间。
3. 最后，再用一些小的玫瑰果和野生苹果点缀完成。

FLEURCREATIF

A Sweet Heart
一颗甜蜜的心

玫瑰、火焰百合、海枣、女贞浆果、巴西胡椒木的果实、干燥的红辣椒球、木兰叶子、鸡爪槭的果实、日本枫

Rosa 'Piano', rose
Gloriosa, climbing lily
Phoenix dactylifera, dates
Ligustrum, privet berries
Schinus terebinthifolius, dried pink pepper balls
Magnolia, leaf
Acer palmatum, fruits
Japanese maple

黑色喷漆、防水的心形花泥、花艺铁丝、花泥、大头针、亮叶剂

1. 这里使用的是一个心形花泥。将木兰叶对折，然后彼此重叠，并用大头针固定好。
2. 将枣子插在花艺铁丝上面，再利用铁丝将其插入到心形花泥中。
3. 接着，将玫瑰插入到花泥中。注意，要将那些开放着的玫瑰插入到花泥表面最宽阔的地方，而将那些小的玫瑰果插入到底部。
4. 最后，再插上一朵盛开的火焰百合完成作品。然后，还要给这个心形作品喷上一层亮叶剂。

Autumn Colours Harmony
秋季色彩的和谐

**蘑菇、银扇草的角果、万代兰、
2种康乃馨、干燥的千叶兰、
接骨木树枝、干燥的柳兰**

Mushrooms
Lunaria, annual honesty silique
Vanda 'Chocolate Brown', orchid
Dianthus 'Moon Golem', carnation
Dianthus 'Ecstasy', carnation
Muehlenbeckia, dry
Sambucus nigra, black elder
Chamaenerion angustifolium,
Dried fireweed

麻绳、铝线、心形花泥

1. 将麻绳随机地裹缠在一根铝线上，并利用这个方法制作出几根不同长度的装饰性长绳。然后，用棕色的鲜花胶带将一根铝线裹缠起来，并在它的外面再用干燥的一叶兰卷须裹缠好。
2. 选用大号钉书钉，将这两种类型的长绳分别固定在心形花泥的外圈，同时要注意留出一些空间以便后面调整。
3. 先用蘑菇填满心形的左半边，一定要注意露出蘑菇美丽的底侧纹理，并用黑色的长别针将其固定好。
4. 现在，就可以用花朵来填满心形花泥了。在心形花泥的右半边，插入大量的名为'月亮傀儡'的康乃馨，并细心地在兰花之间插入一些小而短的、闭合的康乃馨花蕾。然后，在心形花泥暗黑色调的左半边，插满一些名为'狂喜'的康乃馨。最后，再插入一些干燥的银扇草的角果，还有一些之前制作好的装饰性长绳，进而完成整个作品。

The Rose Family
玫瑰家族

红瑞木、多头玫瑰、海棠果、玫瑰果

Cornus, red Cornus
Rosa, cluster rose
Malus, apples
Rosa, rose hips

方形的莫巴赫（Mobach）托盘、心形花泥、木扦子

1. 将一块心形花泥放入托盘中，并用红瑞木枝条将其固定。先将海棠果刺在木扦子上，然后再将利用木扦子将它们插进花泥中。
2. 接着，添加玫瑰果和多头玫瑰。
3. 最后，再插入一些装饰性的红瑞木枝条并完成作品。

盖特·帕蒂

33

一颗秋天的心

Trend: Focus on Green
花艺潮流趋势：聚焦绿色

2019年秋季的色彩趋势被称为"壳儿（shell）"。在这种趋势下的色彩搭配方案更偏重于自然。一系列的蓝绿色调暗示着这是一个用植物和苔藓所构建起来的景观花园。柔和的色彩具有舒缓放松的作用。根据这个色彩趋势所诞生的创意灵感，就是以一个几何形状为基础，并运用各种不同色调的绿色来进行设计。当然，在这个创意设计中，必须要有树叶和青草。

Green in Frame
框架之中的绿色

兰花（植株）
塔叶椒草（叶子）

Cymbidium, plant
Peperomia, leaves

铁丝、铁艺立方体、
鲜花冷胶

1. 焊接两个规格不同的铁艺立方体：一个大、一个小。用8根铁丝将小立方体固定在大立方体的中间，以便使它能够悬吊在大立方体的中心位置。
2. 然后，用细铁丝把整个立方体架构仔细地缠绕起来。在缠绕细铁丝的过程中要细心谨慎，确保你最终得到的是一个整齐匀净的线条图形。
3. 从花盆里取出兰花，并使用清水将根球部位冲洗干净。
4. 小心地把兰花植株放在小的铁艺立方体之中。轻轻地把兰花的花朵弯向一边，并将兰花的叶子弯向另外一边。配合正方形的几何结构，仔细地把这些叶子编织在铁丝架构之中。同时，可以随机地使用鲜花冷胶将它们粘在架构上固定。
5. 为了突出立方体一侧的视觉效果，将一些塔叶椒草的叶子编织到这一侧的铁丝架构中，并用冷胶将它们粘贴牢固。

A Variety of Grasses
青草集

青草（芒草、中国芒草、小盼草）
Grasses (Miscanthus, silver grass and Chasmantium)

莫巴赫（Mobach）托盘、方形金属托盘、方形玻璃花瓶、泡沫塑料、黑色喷漆、花泥、订书钉

1. 切割出比方形金属托盘稍小一点的方形泡沫板，然后把这些板子喷涂成黑色。
2. 将芒草覆盖在泡沫板上面，并把多余的叶片折叠起来，再用订书钉固定在泡沫板的背面。
3. 切下一块比玻璃花瓶小一些的、同时也比花瓶的瓶口低一些的花泥块，将它填入到花瓶之中。
4. 接着，在花泥与玻璃花瓶之间的空隙处填入青草。同时，可以在每个花瓶中使用不同种类的青草进行装饰。
5. 最后，在一个大的托盘上面，运用这些不同的单体元素进行组合设计。

Subtle Hues
微妙的色彩

**胡颓子叶子、大丽花、玫瑰、
蓝色绣球花、粉色绣球花、
黑刺李、娇娘花、
芒草、蓝刺头、
矾根叶子、糙苏叶子**

Elaeagnus, olive willow leaf
Dahlia 'Wizzard of Oz'
Rosa 'Lullaby', rose
Hydrangea 'Magical Revolution Blue', blue Hortensia
Hydrangea, pink Hortensia
Prunus spinosa, blackthorn
Serruria florida, blushing bride
Miscanthus, maiden grass
Echinops, Great globe thistle
Heuchera, leaf
Phlomis, leaf

**椭圆形的支架、双面胶、镀锌铁丝、
胶带、桌面花泥（中号或大号）、鲜花冷胶**

1. 在一个椭圆形的框架内部，先用镀锌铁丝制作出一个三维立体的结构，并用胶带将它固定在椭圆形框架的两侧。然后，再用胶带将这个三维立体结构的两侧粘贴成完全封闭的样式。

2. 把一些胡颓子的叶子粘贴到这个三维结构的外表面（按照随机的图案即可，注意保留叶子的叶柄）。接着，以三维结构与椭圆形框架的连接点为起点，将一些透着光泽的拉菲草紧紧地裹缠在椭圆形框架上面。这样操作，可以确保让整个椭圆形框架都能够被拉菲草紧密地包裹起来。

3. 将花泥插入到整体架构中。

4. 挑选一根线条弯曲优美的黑刺李枝条。使用花艺铁丝将枝条与椭圆形框架的几个关联点进行捆绑固定。接着，再添加一根芒草杆，用它来重复并强调同样的线条运动形态。

5. 把一些蓝刺头从茎杆上面摘下来，并将它们连在一根细细的铁丝上面。这样的话，你就可以做出一根长长的花链，并将它悬挂在作品中。接着，就可以将所有的花材都插入到花泥托盘中。最后，再适当地加入几片绿色的糙苏叶子作为色彩亮点。

Lily Cradled by Greenery
绿色环抱着的百合

小盼草、木燕麦、糜子
狗尾草、百合、唐棉

Chasmanthium latifolium
Wood oats
Panicum, millet
Setaria, foxtail
Lilium, lily
Gomphocarpus, milkweed

装饰性花瓶、捆绑铁丝

1. 先制作一个手绑花束。具体来说，就是先从百合花开始，依次添加细草杆和唐棉。
2. 再添加一圈狗尾草。使用铁丝把整个花束绑扎起来，并放入到一个装饰性花瓶中。

TREND 潮流趋势
SHELL "壳儿"

隐私已经变成了一个热门话题。英国数据分析公司"剑桥分析（Cambridge Analytica）"爆出的丑闻，以及新颁布的欧盟《一般数据保护条例》（GDPR），都已经明确地将隐私问题提上了议事日程。人们终于意识到，像Facebook这样的互联网服务公司并不是真的免费的，而是通过获取我们的数据作为回报。而他们对这些数据的使用方式也并不总是合理合法的。

在未来的几年，隐私将成为一个更加敏感的问题。为了身份识别而扫描我们脸部的人脸识别设备将变得无处不在，并且最初也会遭遇到人们的抵抗。人们对于"什么是公共的"与"什么是私人的"的认知水平将会得到极大的提升。

与此同时，很多人也将更加深刻地意识到他们在应用数字技术方面所花费的时间是多么巨大。很多应用程序都是为了上瘾而设计的，AR（增强现实技术）和VR（虚拟现实技术）的出现只会让事情变得更糟。越来越多的人正在寻找对抗这种数字成瘾的方法。

1996年，《时代》杂志将"茧化（cocooning）"作为一种主要的社会趋势。它被定义为待在家里，远离自己感知到的危险，而不是走出去感受世界。这个由趋势观察家费斯·波普科恩（Faith Popkorn）所创造的词汇，现在已经变成了一个流行用语，这也让我们联想到了20世纪90年代。在当时，VCR（盒式磁带录像机）等新技术的兴起，使人们能够有更多的时间待在家里。

到了2020年，"茧化"将再次成为一种流行趋势。人们所感知的危险已经改变，而为我们提供娱乐放松的技术也改变了。但是，内在机制是不变的。我们会更加看重待在家里的时间。在这个我们瞬间就能与世界上的任何人取得联系的时代，我们的重心将会更多地聚集在家人和朋友身上。

当前，宠物越来越被视为是这个内部核心圈的一个组成部分。据估计，2018年美国的宠物消费将达到720亿美元，比10年前增长了80%。人类对动物，特别是对宠物的同情心正在与日增长。这也与科学研究密切相关。科学研究表明，许多动物的神经系统和自身技能都远比我们之前所想象的还要先进得多。

所有这些情况都会对室内设计产生影响。情感、移情和与之相关的社会内容将成为设计领域的关键词。我们想要被感动，想要感受到深深的情感和身体的连接。

在这种趋势下的色彩搭配方案更偏重于自然。一系列的蓝绿色调，暗示着这是一个用植物和苔藓所构建起来的景观花园。柔和的色彩具有舒缓放松的作用。

本文是根据"弗朗奇色彩（Francq Colours）"趋势研究所的趋势报告所编撰的。

Flowers Are Comforting
鲜花抚慰人心

秋天,树叶褪去了色彩,并随风飘落到地上,夏日的美丽花朵也渐渐消失无踪…… 大自然象征性地和人们说着再见。在万圣节那天,我们会纪念我们死去的亲人。有什么能比美丽的花艺作品,更能够完美地表达我们的情感呢?新出品的黑色花泥为悼念主题的花艺设计提供了很多新的可能性。

A Loving Gesture with Flowers
用花朵表达爱意

旱金莲（茎、叶和种子）
大丽花

Tropaeolum majus, Indian cress
stems, leaves and seeds
Dahlia

心形花泥

　　在作品的左半边，将旱金莲的茎杆按照心形的形状固定好。而在作品的右半边，则插入一些叶子。然后，再将所有的花朵以一种非常自然的形式插入其中。

FLEURCREATIF

Pod Wreath with Yellow Accents
带有黄色亮点的豆荚花环

皂荚、榅桲、玫瑰、
女贞、三色堇

Gleditsia, pods, Honey Locust
Cydonia, quince
Rosa, roses
Ligustrum, privet berries
Viola, violet

全黑色的花环花泥、玻璃试管
大头针、木扦子

1. 利用大头针将豆荚固定在花环花泥上面，从而用豆荚将整块花泥全部遮盖起来。先将豆荚全部插好，这样你就可以接着利用这个最大的基础部分来插入其他的花材。
2. 利用木扦子作为支脚，把榅桲插入到花环上。接着，再把玫瑰插入到花环中。
3. 最后，还要添加多头玫瑰、女贞和三色堇（注意要先将它们插入到小的玻璃试管中，再放入到花环中）。

苏伦·范·莱尔

46

鲜花抚慰人心

A Trio of Phormium Circles
三个亚麻叶圆环的组合设计

黄金球、冬青浆果、女贞、黑莓、蜡菊、桦树枝、卫矛果、刺槐（豆荚）、兰花、火焰百合、玫瑰果、新西兰亚麻叶子

Craspedia, billy buttons
Ilex, holly berry
Ligustrum, privet berries
Rubus fruticosus, blackberries
Helichrysum, straw flower
Betula, birch twigs
Euonymus, spindle tree fruit
Robinia, pods
Cymbidium, orchid
Gloriosa, climbing lily
Rosa, rose hips
Phormium, New-Zealand flax leaf

**全黑色的花环花泥、砂纸
大头针、胶枪**

1. 用砂纸把花环花泥的边角打磨成一个美丽均匀的形状。然后把花泥浸入水中吸水。
2. 用晒干的亚麻叶制作出三个大小不同的圆环，并用大头针将它们固定成型。
3. 分别将这三个不同的亚麻叶圆环放置在花环花泥的内部、外部和上部。现在，就可以将其他的浆果和水果插入到花泥中了。
4. 最后，再添加一些鲜花和枝条，并完成整个设计作品。注意，在插入枝条的时候，要确保让这些枝条都是沿着同一个方向插入的。

Simplicity with Chrysanthemum
简洁的小菊花

小菊
Chrysanthemum Santini, chrysanthemum

全黑色的花环花泥

1. 将所有开放的小菊都插在花环上,但注意不要把花朵插得太密集,以便让黑色的花泥仍然可见。
2. 接下来是插入小花蕾,要把小花蕾插得更低一点也更靠近花泥一些,直到它们都挤在一起。
3. 等到这一面的花环全部插好之后,再把它翻过来,接着去插花环的另外一面。

Zantedeschia As A Jewel in the Crown
将马蹄莲作为皇冠上的宝石

马蹄莲、康乃馨、玫瑰、旱金莲、钢草、百合草

Zantedeschia 'Captain Rosette', calla
Dianthus 'Ecstasy', carnation
Rosa 'Deniz', rose
Tropaeolum, Indian cress leaves
Xanthorrhoea, steel grass
Liliope, lily grass

全黑色的花环花泥
黑色别针、浅绿色的鲜花胶带

1. 先将马蹄莲的花头放在右侧，再小心地将马蹄莲的茎杆插入到花泥中，并确保让茎杆的弯曲线条与花环的圆弧保持一致。
2. 利用短钉枪把一些裹缠着浅绿色鲜花胶带的花朵牢牢钉在花泥中。而对于其他一部分花朵，则可以直接卡夹在由马蹄莲茎杆所形成的弯弧的缝隙之间。
3. 接着，用钢草和百合草进一步强调花环的圆形轮廓和花艺线条。
4. 最后，再将一些旱金莲的叶子插入花泥，并让几片小圆叶漂浮在花环中间的小池塘里。

FLEURCREATIF

A Blue Accent
蓝色亮点

—

　　蓝色也是今年秋天的关注重点。棕色与灰色作为典型的秋季色彩，都能够与蓝色很好地搭配在一起。你可以使用蓝色的绣球花、蓝色浆果、蓝色的非洲堇、蓝色的蓟，再搭配上棕色的叶子或树枝、灰色的多肉或观赏性的果实，创造出一个独具特色的秋日氛围。

Lots of Contrast
大量的对比

刺芹、迷你斑克木、芦苇、铁线藤

Eryngium, snakeroot
mini Banksia
Phragmites communis, common reed
Muehlenbeckia

铁丝鸡笼网、装饰性花瓶、花泥

1. 先用铁丝鸡笼网制作出几个铁丝卷筒，并在铁丝卷筒的外面裹缠上干燥的铁线藤，从而将铁丝网格片隐藏起来。
2. 接着，将这些锥形的铁丝卷筒彼此连接在一起。这样一来，你就能够得到一个适合插入花瓶的漂亮的架构形式。
3. 然后，在铁丝卷筒里面放入一些花泥，并在上面插满刺芹和迷你斑克木。
4. 最后，再插入一些带着羽毛的芦苇草，调整造型并完成整个作品。

FLEURCREATIF

Echeveria Nest
多肉莲花的巢

**拟石莲花属多肉植物、银叶菊、
万代兰根、非洲堇、仙客来、
银扇草角果、牛蒡、
金雀花、干燥的豆荚、树皮**

Echeveria, succulent
Senecio maritima, silver ragwort
Vanda, roots
Saint-Paulia, Cape Violets
Cyclamen
Lunaria, annual honesty silique
Arctium lappa, greater burdock
Cytisus scoparius, Scotch broom
Dried seedpod
Bark

**缠纸铁丝、玻璃试管、鲜花冷胶、
花艺铁丝、细铁丝**

1. 将很多小块的树皮穿在花艺铁丝上面,使它最终能够围合成一个圆形的花环形式。
2. 在这个花环的底部,再用细铁丝编织出一个铁丝网格片作为底托,用来盛放多肉植物。
3. 运用铁丝捆绑技巧,将几个大的铁环固定在一起,制作出另一个花环。
4. 接着,把万代兰的根须缠绕在这个花环上面。再将银叶菊的叶子和银扇草的角果用冷胶粘贴在花环中。
5. 然后,将一些插着鲜花的玻璃试管直接插入到花环之中,同时再用冷胶将这些试管粘贴固定,以免这些小试管掉进花环里面。
6. 最后,再添加一些金雀花、牛蒡和干豆荚来点缀补充,调整细节并完成整个设计作品。

苏伦·范·莱尔

55

蓝色亮点

盖特·帕蒂

56

蓝色亮点

Crowned with Tillandsia
空气凤梨的花冠

绣球花、空气凤梨、
装饰性水果

Hydrangea
Tillandsia xerographica
Decorative fruits

装饰性的蓝色玻璃花瓶、花泥、订书钉

1. 先把花泥放在花瓶的底部。
2. 然后，将绣球花插入到花泥中。
3. 再把空气凤梨的叶子单独摘下来，一片片地卷成圆筒状并使用订书钉固定。
4. 最后，利用这些凤梨叶子的小卷筒创作出一个花冠，它刚好也适合这个花瓶的形状。

Leaf Circle Full of Autumn Fruits
盛满秋季果实的树叶圆环

干树叶、绣球花、
乳白色大丽花、黑刺李、柳兰、
干燥枯萎的柳兰、蘑菇、
蓝刺头、干燥的向日葵

Dry leaves
Hydrangea 'Magical Revolution Blue'
Dahlia cream colour
Prunus spinosa, blackthorn
Chamaenerion angustifolium,
dead fireweed
Mushrooms
Echinops, Great globe thistle
Helianthus annuum, dried sunflower discs

一个杯子、玻璃试管、铝线、
棕色的鲜花胶带、蓝色的纸

1. 将这些干叶子按照大小分类，并把它们按照同一个方向摆好。用棕色的鲜花胶带把铝线包裹起来。现在，把所有的叶子都穿到这根铝线上面。最后把铝线的两端连接在一起，这样你就能够得到一个圆环结构。然后，将这个用干叶子制作的圆环放置在一个样式简单的平底盘上面，或者放在一个木盘子上面，利用盘子来支撑住它。

2. 在圆环的中间放入一个杯子，利用它可以给鲜花供水。用棕色的鲜花胶带把你的小玻璃试管包裹起来，或者把这些小玻璃试管绑在铁丝上；通过这种方法，你就可以让它们悬挂在叶子上面。

3. 把蓝刺头从茎杆上摘下来，并用细铁丝把它们连在一起。这样做，你就可以将它们串成一根长长的花链并吊挂在圆环上面。

4. 利用湿毛刷从蓝色的纸上撕下一片片的叶子形状，然后将它们侧立着夹在那些天然的干叶子之间。现在，就可以将所有的花朵分散着插在圆环上面。同时，将一些干燥的向日葵花盘也插在这些干叶子之间，并插入一些带着蓬蓬绒毛的柳兰枯枝。

5. 可以用一点鲜花冷胶将蘑菇粘在花朵或叶子上。最后，再插入一些漂亮的黑刺李枝条，调整并完成整个作品。

SOFT, SENSITIVE AND LIMITED...
柔和、感性与克制……

LESS IS MORE
少即是多

　　柔和与克制是与我们这个时代的富足形成鲜明对比的主题。富足是一种流行趋势，而媒体更是加速刺激了这种趋势。在我们生活的这样一个时代，运用大量的花朵作装饰是很平常的事，人们不断地在寻找新的东西：新的印象、新的色彩……就像照片上的那些网格像素一样……寻找着各种各样的组合形式。

　　柔和和克制，是去追寻与当前的流行趋势完全相反的一面。娴熟的花艺技巧以及对自然植物的热爱，将会让你创作出通透而柔和的花艺作品，你可以将它自由地摆放在房间的任何角落，并且通常只需要使用少量的花材即可制作完成。

　　这些葛雷欧·洛许（Gregor Lersch）的花艺作品主要都是在韩国创作并拍摄的，摄影师是前花艺世界杯冠军亚历克斯·崔（Alex Choi）。"它们是几个围绕着'柔和与克制'这个主题而设计的示范案例。这种表现植物和花园的风格也深深吸引着我，我正在努力使它变得更容易被理解和更容易被传授。"

　　在本书呈现的几个作品中，通常都是以线条设计为基础的，但是在使用线条设计的时候却是非常谨慎的，这些线条常常被隐藏起来、被花朵"吞没"或消失在花朵的暗影里。

　　在这个主题中，是否意味着一切设计都要是成本低、效果好的？并不是这样的……花艺创作总是需要时间的，有时候多一些，有时候少一些。当前，很多花艺设计师都非常赞成去创造新颖的、或者其他形式的创意作品，例如：非对称的形式，以及之前很少见过的、或者从未见过的架构形式……

　　这个主题的目的，是为了抵抗当下这股一切事物都要极大丰盛的潮流趋势：大量的，却不一定是温柔的。我们是否准备好了摆脱这股流行趋势的羁绊，并且重塑自我呢？我们的基本技巧训练，是否足以抵挡每一次新的流行趋势的冲击，并重塑我们自己呢？当然，这并不意味着你不可以跟随时下的潮流趋势。当前，使用大量的鲜花和展现出富足丰盛，是全球广为宣传的活动与婚礼的理想场景，而这是能够为花艺设计师带来实惠的经济效益的。

　　我们总是会把不太丰富的情况记在心间。同时，世界上不仅有百万富翁的婚礼，也有人们对于鲜花的日常渴望，这也是需要被得到满足的。而那些非常特别和稀有的花材，也需要一个能够充分展示自己特色的栖息之所。

　　这里并不是在宣告一个完全不同的全新趋势。不管怎样，在时尚潮流之中，一切都会以不同的方式来来去去。又有谁会想到，大花大丽花、帝王花、蓝盆花和花园玫瑰等花材还会再一次占据新闻媒体和互联网的头条呢？

葛雷欧·洛许（Gregor Lersch）

摄影 / 亚历克斯·崔（Alex Choi）和多米尼克·凯茨（Dominik Ketz）

Flower Frame
花架

在一个单脚的金属底座的顶端,安装一块木板。使用一些小树枝覆盖并装饰这块木板。在木板的前景中,只有几朵柔嫩的鲜花自由自在地漂浮着,其中包括:金银花卷须、一些小非洲菊、'薄荷'玫瑰和一些柔软的羽衣草、凤尾蓍、火焰百合、黄叶常春藤和美叶芋。围绕在木板四周的装饰性浮动边框,是使用日本的刨花木片(Kyogi)制成的,将这些薄薄的小木片固定在直径为0.8mm的黑色铁丝杆上,然后再很小心地用折叠钳将铁丝杆固定在木板上面。

A Flared Bouquet
喇叭口的花束

使用直径为 **14mm** 的粗铁丝和细的包缠铁丝制作出一个圆形的铁丝架构。然后，再用胶水将小片的树皮粘在这个架构里面作为内衬。这样一来，就做出了一个蕾丝花边的样式。

在花束架构的正前面，是用一根粗枝条作为支脚将整个花束支撑起来的，并撑起了一个角度。这个花束中的所有茎杆并不是按照螺旋形式排列的，而是在一个点上被绑扎在了一起。这样的话，就可以让所有的茎杆都支撑在水中。

这个花束使用了花毛茛、石蒜、酒红色火焰百合和落叶松的枝条进行了装饰。

Standing Ovation
起立鼓掌

———

将几片大竹叶固定在一个稳固的、用1.8mm的铁丝制作而成的金属支架上面,这个支架外面还裹缠着一层纸。具体来说,就将这些大竹叶按照两两一组,以垂直站立的形式,背对背地粘贴在一起,使它们像手掌一样反扣在铁丝支架上。一根光秃秃的大树枝丰富了整个作品的体量。而石蒜、花毛茛和一根线条优美的西番莲藤蔓,共同创造出了一个向上的运动趋势。作品中那个长长的拖尾,是使用毛线、毛毡、干燥的白杨树叶等材料交错排列着串联起来的。

A Flower Fence
花篱笆

运用铁丝缠绕技巧制作出一个单杆四脚的金属支架，然后将一些柔软的柳枝利用细铁丝固定在这个金属支架的横梁上面，从而创造出一个轻盈透气的篱笆。作品中使用的花材有花毛茛、火焰百合，以及其他一些插到小玻璃试管中的花材。整个设计的关键词是"通透"和"雅致"。作品底部的四个金属支脚上面裹缠着细铁丝，其中隐藏着小小的静力学秘密：虽然没有被焊接在一起，但是这些支脚却是防震的，并且是使用手工技巧制作出来的。雅致的感觉，来自于那些小小的虞美人和兰花。此外，这个作品底部的金属支架还可以被多次重复使用。

A Double Cascade
双面下垂的花瀑

这是一块椭圆形的有机玻璃板，玻璃板上面还打了一些装饰性的小孔，利用这些小孔可以缠绕出一些扭来扭去的金属丝花边。然后，再利用这些金属丝花边来固定一些毛线、欧洲百合（Martagon Lily）、被染成柔和的粉红色的玫瑰、以及同样被染成粉红色的金丝桃浆果。杏色的马蹄莲提亮了整个设计，同时也创造出了一个大气的局部画面。这里所使用的铁丝拧缠技巧，曾经是一种用于书籍制作的工艺技巧，它也得到了很多花艺爱好者的喜欢。

Diagonal Lines
对角线的设计

这是一个沿着对角线倾斜的，看起来略有漂浮感的木板。这块厚厚的大木板被一个细脚的金属三脚架给"托举"起来，确保它能够保持在一个斜面上。在制作三脚架的时候，使用金属杆很容易就能够承托起这个重量；但是如果使用木杆，我们就必须得选择更坚固一些的木杆才能够实现这个承重。将玻璃试管绑在直径1.8mm的铁丝上面；然后利用钳子和那些钉在木板右侧的1.8mm的铁丝，再将这些小试管固定在适合的位置上。在这个倾斜的设计作品中，主要的花材有：大花葱、花毛茛、棒形仙人掌、以及白色的藤条扁片。

Balance
平衡

这是一个插在平底花瓶中的、属于"形与线"设计类型的花艺作品,花瓶内部填充着花泥。这种"形与线"的设计类型是一门设计艺术,它减少了形状之间的对比。

在整个作品中只有一个形状或线条,或者只有少量的几个形状或线条。这里将花艺作品设计成向下运动的趋势,是为了降低高与宽的对比。作品中的主角是非常罕见的欧洲百合(Martagon Lily)。毛竹的美是通过几个竹竿和一根雅致多叶的细竹枝来展现的。橐吾(Ligularia)的大叶子构成了两个领域间的对比:形式上的活泼与色彩上的沉稳。大花葱在这里的身份,既是作为一种新鲜的花材,也是作为一个结满果实的植物。

此外,与这些植物相伴的,还有铁线莲以及三个品种的空气凤梨:霸王凤梨(Xerografica)、小精灵(Ionantha)、松萝凤梨(Usneoides)。此外,还有两个纤细雅致的、带有小花序的矾根花枝出现在作品的最上层空间。可以看出,作品中所有的形式和线条都有各自特定的角色,它们都是被刻意地布置在现在的位置上的。

葛雷欧·洛许

Distinctive Branches
独特的枝条

　　花艺作品的主体结构被略微抬高，并放置在一个U型金属弯拱上面，金属弯拱上面还装饰着一个花碗，里面放有花泥。

　　这个设计作品的独特魅力来自于那些刨花木片（Kyogi）非常锋利的外形，以及那根弯曲的龙血树枝条所呈现出来的强烈的艺术表现力。带有特殊标记的海芋叶，常常要比一些花朵还要更具特色。三文鱼色调的亚麻叶和三文鱼颜色的齿舌兰（Odonthoglossum orchid），以它们彼此相似却又有着细微差别的色彩关系，而显得更加突出。一根纤细的绿色鱼骨蕨（Lomaria fern）为整个设计增添了一抹鲜亮。而暗色的玫瑰则创造了深度和对比。可以很明显地看出，整体设计都是呈现着同一个水平方向的动感。

Asymmetrical Horizontal Bouquet
非对称形式的水平花束

对于一个独立的并且是捆绑形式的花艺作品来说，最难的一种练习类型就是去制作一个水平形式的花束，同时还要保持一个"形与线"的基本造型，正如下面所展示的这个案例一样。

在这里，我们使用了一个带有分叉的龙爪柳枝条，并将它倒立起来，以便能够将各种植物插在其中。网球花（Scadoxus）和红掌是整个作品的主角。火焰百合与这两个大明星不同，它远远地待在一侧。而商陆（Phytolacca）和须苞石竹则担当着额外点缀的角色。作品底部的大木碗毫无疑问具有相当重要的地位，因为它为整个作品带来了宁静，同时也创作出了一组强烈的对比。

小林祐治 Yuji Kobayashi

自然给予我灵感
MY FLORAL DESIGN IS INSPIRED BY THE SHAPES OF NATURE

你的哲学是什么?

大自然是我们的衣服、食物、建筑材料的来源……甚至连氧气都是来自大自然的。

我做的第一件事就是观察自然,然后我会试着去理解一个自然的结构。这就是我的花艺设计方式。

我的花艺设计是一种植物形式之间的合作,我的设计中通常会有一些曲线并注重整体性。不管这些线条在自然界中有多么笔直,从微观的角度看,它们都是弯曲的。

那也正是我的哲学:自然与人类创造力的共存。

你学习过插花么?

我早就已经沉醉在日本花道之中了,更准确地说是沉醉于日本的池坊花道(IKENOBO style)。池坊花道是日本最古老、最大的插花流派。它是在公元15世纪由由僧人小野妹子(Senno)创立的。这所池坊学校位于京都的六角堂(Rokkaku-dō-Temple)。

另外,我在设计中也会采用一些欧洲风格。

你使用什么样的材料呢?

来自大自然的元素,还有建筑材料,例如泡沫塑料板和空心管等,都是我进行花艺创作的一部分。

你日常的工作是什么样的呢?

我会在我的工作室中进行创作,平时会做一些示范作品和花艺装置,同时还会在中国的中赫花艺学校任教。

摄影 / Geometric Green

人物简介

小林祐治不仅是几何绿(Geometric Green Inc.)公司的创始人,他还在日本的东京柏悦酒店(Park Hyatt Tokyo)和其他国家的国际柏悦酒店工作,并担任花艺装饰、高级时装品牌活动和大型公司装饰(香奈儿、迪奥、乔治阿玛尼、路易威登、巴克塔、威奇伍德……)的总管和技术主管。近年来,他还以设计师的身份在上海柏悦酒店(Park Hyatt Shanghai)举办过"名人花艺课堂"。

他目前在北京的中赫时尚花艺学校任教。同时,小林先生已经出版了几本个人著作。

71 ― 小林祐治

Tree Rings
树的年轮

松树、一块黑色的铁板
Pinus, pine
A black mat iron plate

树干显示出一个植物的生长过程，它以年轮的形式向外延伸。

通过将松树的树干切割成一个个独立的圆盘，并在它们之间留出一定的空间进行重建，形成了一种规则的节律。它直观地显示了松树垂直生长的过程，表达了植物生长的灵活性。

Reach for the Heavens
伸向天堂

石斛兰、直叶龙舌兰
Dendrobium, orchid
Agave stricta

这个创意作品是基于斐波那契数列（Fibonacci sequence，又称黄金分割数列）的一系列花朵的组合。植物吸收太阳的能量并伸向天空。

这个作品运用了植物生命的自然生长形式。它是一个简单的结构。在这里，植物扎根于大地，并向上伸展到天堂。

∧
In Japanese Style
日式风格

兜兰、不锈钢
Paphiopedilum, Venus slipper and stainless steel

一朵日式风格的兰花，安坐在一个用植物和金属组成的底座之上。

>
Plant Geometry
植物几何学

木贼、溪木贼、自然环境
Equisetum, water horsetail and nature

这个创意作品是基于柏拉图的八面体，它建立在植物几何学的基础上。就这种植物的自身结构来说，它是非常具有线条感的，当然也包括在显微镜下会显现出来的曲线。

如果你把几何结构安置在大自然中，你就会注意到在直线和曲线之间是没有区别的。你并不会觉得不舒服。

75

小林祐治

Flowery Table Lamp
花朵台灯

大花蕙兰、木贼
Cymbidium, orchid
Equisetum, water horsetail

这是一种传统的纸质台灯。它是由木制框架制成的、带有纸质灯罩的油灯，在过去的年代中曾用于室内照明。将几个插有蜡烛的玻璃容器放入到台灯中。这个灯罩是用兰花而不是传统的纸张制做的。这些兰花在一个平面的正方形框架中整齐地垂直排列着。烛光透过兰花厚厚的花瓣微微地照射出来。这个创意作品能够在活动和聚会中产生新颖的效果。

Royal Fern
紫萁

紫萁、小麦
Osmunda japonica, Japanese Royal fern
Triticum, wheat

紫萁，即日本紫萁，是一种具有自然几何图形的植物，也是我的最爱之一。到目前为止，我还没想到要把它的自然形状改成更好的形式。搭配简单的植物要比搭配美丽的花朵更适合于紫萁的自然特性。
这就是为什么我在这里只使用了排列整齐的小麦草来当做它的花瓶。

FLEURCREATIF

∧
Vitality of Lotus
莲花的生命力

莲花

Nelumbo nucifera, Lotus

　　夏天，莲花在水中生长，迎着阳光怒放。为了表现莲花的生命力，将几个花头堆积在一起，做了一个高耸的结构，由一束长长的莲花茎支撑，这些花茎在底部散开，这种三角形的构图增强了人们对莲花努力朝着更高的天空伸展的印象。

>
Refined Rapeseed
精致的油菜

油菜

Brassica napus, rapeseed

　　千利休（Sen No Rikyuu）是一位生活在战国时代的日本名人和茶艺大师。他被称为"多面手"，在多个领域都留下了自己的踪迹。他为茶室设计家具，并亲自挑选茶具。他对许多事物都具有鉴赏能力。据说当他被丰臣秀吉判处死刑时，他选择了油菜作为最后的花。油菜花也是女儿节的典型装饰，女儿节每年3月份举行，是为了年轻少女们举办的节日。

79 ― 小林祐治

80 ― 小林祐治

< Bamboo Light
竹灯

竹子
Bambusa, bamboo

　竹子是向外国游客展示日式花艺的理想材料。在典型的日式庭院布置中，竹子不管是与树枝或者花材结合在一起使用，还是单独或直或曲的用在池边，都同样充满日式风格。

　我这样布置的主要目的是为了向大家展示，当几根竹茎直立时，竹子是多么的简单同时又充满现代感。

Geometric Muscari
几何图形葡萄风信子

蓝色葡萄风信子
Muscari, blue grape hyacinth

　颗粒状的葡萄风信子花紧密地排列在一个矩形容器中，葡萄风信子的叶子则被收集在相邻的容器中。首先，叶子保持全部的长度，高度与花朵的相同。然后将它们排列整齐切成相同的高度，形成特殊的装饰效果。最终的效果是，被修剪的叶子表面出现了像是连续曲线绘制出的几何图案。

FLEURCREATIF

Natural Piano
自然钢琴

玉兰
Magnolia

钢琴起源于植物。将钢琴和植物结合在一起,琴音透过枝叶进入空间,就像在谈论过去的回忆。

83

小林祐治

LVS=88
4000 magnolia leaves
Peace w/24 ½
FF cov cb-net/80 undercover
con-site LV/3A-C

FLEURCREATIF

EMC 秋季创意

Arranged in Pods
豆荚里的小天地

秋葵干果、假叶树、铁筷子、
大星芹、袋鼠爪、玫瑰、万代兰

Abelmoschus esculentus, dried okra fruit
Ruscus aculeatus, butcher's-broom
Helleborus orientalis, lenten rose
Astrantia major 'Million Stars', great masterwort
Anigozanthos flavidus 'Bush Diamond', kangaroo paw
Rosa 'Love Pearl', rose
Vanda Divana® 'Amber Mahogany', orchid

砖瓦托盘、1.2mm烤蓝铁丝、
缠纸铁丝、热熔胶棒、
花泥、玻璃试管

感言——阿林娜·吉吉尼亚
（Alina Nagy-Ghinea）

对我来说，参加EMC课程是一个梦想成真的过程。我是一个十分严谨的人，了解该怎么设计以及为什么要进行设计，然后将这些知识储存在我大脑的"文件柜"中对我来说非常重要。掌握植物学名词是一个巨大的挑战，但对于花艺师的日常工作来说，效果是十分令人满意的。发现花艺设计的元素和原理是让我十分激动的体验时刻，它帮助我提高了思维敏捷度和执行速度。感谢所有的老师和同学，我珍惜在课堂上以及毕业后的所有时光。

剪切10根长度为14cm、直径为1.2mm的短铁丝，将它们扎成一束，并用缠纸铁丝裹缠起来。将这束铁丝捆绑点的上面按照每两根一组向外掰开，下面保持不动；将其变成一个带有"5个脚趾"的"1条腿"的小架构。将每个脚趾用细铁丝裹缠起来。按照这种方法，制作出两个铁丝支腿。用热熔胶棒将这两个支腿的底部固定在托盘上。同时将秋葵的干豆荚粘在托盘边缘，确保将整个托盘全部遮盖起来，尽可能使用弯曲的豆荚，虽然它们不容易粘合，但它们能创造出美妙的动感。最后将浸湿的花泥块放进托盘，并在上面插入植物花材。

In a Grass Basket
草篮里的花艺

蒲苇、麻叶绣线菊、2种花毛茛
大星芹、肾蕨、日本落新妇、铁筷子

Cortaderia selloana, pampas grass
Spirea cantoniensis 'Kodemari', Reeve's spiraea
Ranunculus asiaticus 'Pon-pon', Ranunculus
Ranunculus asiaticus 'Butterfly', ranunculus
Astrantia major 'Gloria White', great masterwort
Nephrolepis exaltata, sword fern
Astilbe japonica, Astilbe
Helleborus niger, Christmas rose

直径为30cm的光滑花卉泡沫球、肤色水粉颜料、
2把油漆刷、长度为20cm的玻璃试管
花泥、金色铁丝、石子
直径为0.65cm的木销钉

在泡沫球上涂一层油漆,把草从干燥的蒲苇茎上拔下来。用油漆刷和胶水将草粘附在泡沫球上,直到表面完全覆盖,形成一个轻快透气的造型。用金色铁丝将玻璃试管固定在木销钉上。等泡沫球完全干燥之后,将湿花泥填充在被蒲苇草覆盖的泡沫球中,并在上面铺上小石子。在插花的时候,先将带茎杆的花材和绑着玻璃试管的木销钉插入花泥中,以便让它们能够与其余的花材茎杆构成一个自然的外观结构。在玻璃试管中插入绿色的花毛茛,以增加线条和通透感。

感言——詹妮弗·菲格（Jennifer Figge）

EMC计划触动了我生活的方方面面,它帮我开辟了新的可能性。分析设计让我突破了以前的局限性,学到了"打破规则"重新设计的新方法。学习植物学名词和对每种植物茎、枝叶及植物的正确养护改变了我处理每个设计项目的方式。最重要的是,我发现EMC是一个由学生、导师和讲师组成相互支持的大家庭,这极大地鼓励了我寻找和发展自己独特风格的决心。

Flowers in Balance
花间平衡

**绣球花、大丽花、铁筷子、
大阿米芹、菊花、花毛茛、
情人泪、洋桔梗**

Hydrangea macrophilla
Dahlia pinnata, dahlia
Helleborus orientalis, lenten rose
Daucus carota, bishop's lace
Chrysanthemum indicum, chrysanthemum
Ranunculus asiaticus, ranunculus
Senecio radicans
Eustoma russellianum

**细铁丝团、拉菲草、玻璃试管、
尼龙扎带、5根粗铁杆、长度为60cm的木板**

剪下一块长度为60cm的矩形铁丝网格片，将拉菲草交织着编入到铁丝网格中。选择一块长度为60cm的矩形木板，在上面用电钻钻出5个与粗铁杆的直径大小相等的孔洞，然后将裹缠着拉菲草的铁丝网格片绑在这5根粗铁杆上固定。接着，将小的储水玻璃试管绑在架构上，最后将花材植物分别插入这些装满水的玻璃试管中。

感言——弗朗西斯·佩雷斯
(Francisca Perez)

EMC是一个很棒的学习体系，它为我提供了创造和设计的工具和技术。同时，在这里我学会了打破传统的壁垒，开阔眼界去创新。我的创造力正在不断提升。EMC鼓舞学员超越自己的极限，让你明白成长的唯一途径就是走出舒适区。

FLEURCREATIF

2019年全球著名花展活动

印度
2019年8月30日—9月1日,班加罗尔
印度FloraTech 2019,国际花卉展览会
www.floratechipmindia.com

波兰
2019年9月5日—9月7日,华沙
绿色即生命
东欧园艺贸易展
www.greenislife.pl

法国
2019年9月6日—9月10日,巴黎
房屋与物件
巴黎室内外装饰,设计博览会
www.maison-objet.com

俄罗斯
2019年9月10日—9月12日,莫斯科
FlowerExpo 2019,国际花卉、植物贸易展
www.flowers-expo.ru

德国
2019年9月11日—9月15日,巴特诺因阿尔
葛雷欧•洛许,5天5故事
www.gregorlersch.de

意大利
2019年9月26日—9月28日,帕多瓦
Flormart意大利帕多瓦国际园林园艺展览会
www.flormart.it

比利时
2019年9月27日—9月30日
2019年Fleurmour花卉节,展现花艺的激情
奥尔登•比尔森古城堡最盛大的年度花卉节
主题:回到未来
www.fleuramour.be

厄瓜多尔
2019年9月30日—10月2日,基多
Agriflor园艺博览会,
园艺种植者的聚集地
www.agriflor.com

西班牙
2019年10月1日—10月3日,瓦伦西亚
国际花商联展,国际花卉、植物贸易展
http://iberflora.feriavalencia.com

荷兰
2019年10月1日—10月6日,阿姆斯特丹
家与室内装修节
www.woonbeurs.nl

法国
2019年10月6日—10月7日,图尔
诺夫弗勒尔全国花店交易会,
全国花店冠军OASIS®花艺比赛
www.novafleur.fr

法国
2019年10月19日—10月20日,尼斯
花的脉动,第三届国际花卉艺术大赛,呼啸的二十年代和装饰艺术,
凤凰公园
madeleine.sarradell@wanadoo.fr

英国
2019年10月26日—10月27日,欣克利
FleurEx 2019,英国花店协会(BFA)展览会,设有花艺比赛和展示。
www.britishfloristassociation.org/ BFA_FleurEx.aspx

荷兰
2019年11月5日—11月7日,哈勒默梅尔
2019荷兰国际花卉园艺展览会,
(IFTF 2019 – International Horticulture Expo)
www.iftf.nl

罗马尼亚
2019年11月11日—11月13日,克卢日-纳波卡
罗马尼亚花卉设计杯,第三期亚历山大•崔(Alex Choi)和尼库•博坎
西亚Nicu Bocancea的花艺工作坊
www.aadf.ro

比利时
2019年11月22日—11月25日
铺满鲜花的冬天瞬间,格鲁特•拜加登
www.fleuramour.be